Bibliografische Information der Deutschen Nationalbibliothek:

Die Deutsche Bibliothek verzeichnet diese Publikation in der Deutschen Nationalbibliografie; detaillierte bibliografische Daten sind im Internet über http://dnb.d-nb.de/ abrufbar.

Impressum:

Druck und Bindung: Books on Demand GmbH, Norderstedt Germany
ISBN: 9783668577374

Dieses Buch bei GRIN:

http://www.grin.com/de/e-book/378398/isolierung-und-charakterisierung-von-hochmolekularer-dna-und-chromatin

Anita Greinke

Isolierung und Charakterisierung von hochmolekularer DNA und Chromatin

Versuch zum Biochemischen Grundpraktikum für Chemiker

GRIN Verlag

Ruhr- Universität Bochum
Fakultät für Chemie und Biochemie
Sommersemester 2016

Biochemisches Grundpraktikum für Chemiker

Versuch F-08 –
Isolierung und Charakterisierung von hochmolekularer DNA und von Chromatin

Anita Greinke

Inhaltsverzeichnis

1 Einleitung

Zur Grundlage des inhaltlichen Verständnisses des Praktikumsversuches gehört die Methodik. Daher soll im Folgenden auf die Methodik näher eingegangen werden. An diesem Versuchstag wurden hochmolekulare DNA und Chromatin isoliert und charakterisiert. Die DNA ist der Träger der genetischen Information. Die DNA ist um Nukleosomen gewickelt, die das Chromatin bilden. Das Chromatin bildet die Chromosomen. Das Chromatin (Eukaryontenchromosomen) ist ein Komplex aus DNA, welches um die Histone gewickelt ist, RNA und Proteinen. Das Chromatin ist somit die „organisierte und verpackte Form der DNA im Zellkern“ (Chemgapedia)

Teil des Versuches ist die Gel-Elektrophorese, weshalb an dieser Stelle die Methodik erklärt werden soll. Bei der Gel-Elektrophorese handelt es sich um ein Trennungsverfahren, welches größenspezifisch ist. Zur Trennung von DNA-Fragmenten wird das Agarose-Gel verwendet. Die Agarose ist ein Kohlenhydratgemisch aus Polysacchariden. Das Agarose-Gel wird in dem Puffer direkt positioniert und eine Spannung angelegt. Aufgrund der negativen Ladungen durch die Phosphatgruppen wird eine Spannung von – nach + angelegt, da die Fragmente zum Pluspol wandern. Das Agarose-Gel ist variabel in der Porengröße, welche abhängig von der Agarosekonzentration ist. Kleine Moleküle wandern im Spannungsfeld in dem Agarose-Gel weiter als die großen Moleküle, da diese aufgrund einer höheren Reibung stärker zurückgehalten werden.

In dem Versuch erfolgt die Phenol-Chloroform-Extraktion, welche für die Trennung von Proteinen, DNA und RNA eingesetzt wird. Dabei basiert das Verfahren auf den unterschiedlichen Löslichkeiten der zu extrahierenden Substanzen. Bei dem Verfahren entstehen zwei Phasen, eine organische, welche die denaturierten Proteine enthält und eine wässrige Phase, in der sich die RNA und DNA befinden. Das Phenol denaturiert dabei die Proteine.

Die Nukleinsäuren können anschließend mit Isopropanol oder Ethanol gefällt werden, da DNA als Pellet ausfällt, da die Hydrathülle entzogen wird.

Die enzymatische Charakterisierung erfolgt durch die Restriktions-Endonucleasen. Die DNA kann mit diesen in spezifische Sequenzen geschnitten werden. Die Restriktions-Enzyme erkennen vier bis acht Basen in einem DNA-Doppelstrang spezifisch und schneiden dann anschließend beide Stränge des Duplex. Die Restriktions-Endonucleasen werden nach drei Typen klassifiziert, für den Versuch relevant ist Typ II, da es als Werkzeug zur Genom-Analyse verwendet wird. Die Spaltung erfolgt sehr spezifisch und ist abhängig vom Genom. In diesem Versuch wurde EcoRI genutzt. Ein weiterer Restriktions-Verdau erfolgt mit der Mikrococcus-Nuklease, welche spezifisch in der *linker*-Region, also zwischen den Histonen schneidet, und je gleiche Abschnitte bildet. Je länger geschnitten wird, umso mehr gleichgroße Abschnitte entstehen.

Unter der Photometrie versteht man die Messung von Lichtintensität (bzw. Lichtabsorption). Die Photometrie kann zur quantitativen chemischen Analyse eingesetzt werden. Proteine lassen sich spektrophotometrisch nachweisen, da die aromatischen Aminosäure-Reste eine $\pi\pi^*$ Absorption bei 280 nm zeigen (die Peptidbindung zeigt eine Absorption bei 250 nm). Wenn angenommen werden kann, dass das Lambert-Beersch Gesetz gilt, kann die Konzentration der Probe anhand der Extinktion ermittelt werden (vgl. Voet/Voet S. 110). Die Methode der photometrischen Bestimmung beruht auf der Extinktion der Aminosäuren Tyrosin und Tryptophan bei 280 nm (vgl. Diss. Berlin). Die DNA weist aufgrund der Aromatizität der Purine und Pyrimidine eine Absorption im UV Bereich von 260 nm auf. Die Konzentration lässt sich über die Lambert-Beer-Beziehung bestimmen. Zur Berechnung der Konzentration wird die Gleichung: $\frac{OD(260) \times 50 \times Verdünnung}{1000}$ genutzt. Die Reinheit wird über den Koeffizienten der beiden Extinktionen ermittelt: $\frac{OD(260)}{OD(208)}$. So ist es möglich durch eine zweite Messung der Extinktion im Bereich von 260 nm die Werte zu korrigieren, zu dieser Erkenntnis sind Warburg und Christian gekommen (vgl. Matthies). Ein Koeffizient von 1.80 liegt bei reinen DNA-Präparationen vor.

2 Durchführung

B) Isolierung von Chromatin aus Schweineleber

Zu Beginn wurden ca. 6 g Leber in 10 ml Puffer A[1] homogenisiert. Das Homogenat wurde anschließend durch zwei Lagen Verbandmull filtriert. Das Filtrat wurde bei 4000 rpm für 10 Minuten bei 4 °C zentrifugiert. Der Überstand wurde abgegossen und das rote Sediment auf 6 ml mit (5 ml) Puffer B[2] aufgefüllt und resuspendiert (durch herauf und herunter pipettieren). In einem Ultrazentrifugationsröhrchen wurden 2 ml Puffer B vorgelegt und mit 2.5 ml der zuvor angesetzten Suspension versetzt. Beide Röhrchen müssen für die Ultrazentrifugation ein identisches Gewicht aufweisen, weshalb eins mit Puffer B aufgefüllt wurde. Die Probe wurde im AH-650 Rotor bei 30000 rpm für 45 Minuten bei 4 °C zentrifugiert. Anschließend wurde der Überstand entfern und das graue Chromatin aus beiden Sedimenten in je 500 µl resuspendiert und anschließend in einem 1.5 ml-Eppendorfgefäß vereinigt. Daraufhin wurde 10 Minuten bei 2500 rpm und 4 °C zentrifugiert. Der Überstand wurde abgenommen und das weiß-schwarze Sediment in 500 µl Puffer C[3] resuspendiert. Danach wurden 10 µl der Chromatinlösung in 1 ml 1 N NaOH gegeben und gevortext. Es erfolgte folgend eine OD-Bestimmung bei 260 und 280 nm.

Micrococcus-Nuclease Verdau

Zunächst wurde die Nuclease-Stammlösung angesetzt. Dazu wurde Tris-HCl in einem Verhältnis von 1:100 und $CaCl_2$ in einem Verhältnis von 1:10 mit Wasser verdünnt. Anschließend wurden 19 µl 10 mM Tris-HCl (pH 7.9), 6 µl 100 mM $CaCl_2$ und 1 µl Micrococcus-Nuclease (300 U/µl) vermischt. Anschließend wurden 150 µl Chromatinlösung (bestehend aus 80 µl Chromatinlösung mit OD_{260} = 0,374 und 70 µl Puffer C, sodass eine Chromatinlösung mit OD_{260} = 0,2 vorhanden war) mit 15 µl 10 mM $CaCl_2$ (1:100 verdünnt) versetzt (im Folgenden bezeichnet als die „verdünnte Reihe“). Zusätzlich wurden 150 µl der unverdünnten Chromatinlösung mit 15 µl 10 mM $CaCl_2$ versetzt (im Folgenden zitiert als „unverdünnte Reihe“). Es wurden viermal je 33 µl der Reihen abge-

---

[1] Puffer A: 15 mM Tris•HCl (pH 7.5), 60 mM KCl, 15 mM NaCl, 15 mM 2-Mercaptoethanol, 0.3 mM Spermin, 2 mM EDTA 0.5 mM EGTA, 0.34 M Sucrose.

[2] Puffer B: 15 mM Tris•HCl (pH 7.5), 60 mM KCl, 15 mM NaCl, 15 mM 2-Mercaptoethanol, 0.3 mM Spermin, 0.1 mM EDTA 0.1 mM EGTA, 2.1 M Sucrose.

[3] Puffer C: 15 mM Tris•HCl (pH 7.5), 60 mM KCl, 15 mM NaCl, 15 mM 2-Mercaptoethanol, 0.3 mM Spermin, 0.34 M Sucrose, 10 mM $NaHSO_3$.

nommen und mit 2 µl Nuclease-Stammlösung versetzt. Die Ansätze wurden nach 0, 2, 4, 8 Minuten Inkubation (Schneiden durch die Nuclease) mit 5 µl 0.2 M EDTA-Lösung versetz, wodurch der Abbau gestoppt wurde (bei dem Wert nach 0 Minuten wurde die EDTA-Lösung vor der Nuclease-Stammlösung hinzugegeben). Anschließend wurden je 20 µl 3 M NaAc und 140 µl H_2O hinzugegeben. Daraufhin wurden zur Extraktion zunächst 100 µl Phenol und anschließend 100 µl Chloroform hinzugegeben. Es entstanden zwei Phasen (Verweis auf die Einleitung) nach der Phasentrennung mittel zweiminütiger Zentrifugation bei 12700 rpm und 4 °C (in der Minifuge). Die (obere) wässrige Phase wurde vorsichtig abpipettiert, in ein sauberes Eppendorf-Gefäß überführt und mit 200 µl Chloroform versetzt. Die Phasen wurden erneut mittels zweiminütiger Zentrifugation bei 12700 rpm und RT (in der Minifuge) getrennt. Die wässrige Phase wurde abgenommen und in ein sauberes Eppendorf-Gefäß überführt. Anschließend wurden 500 µl 100 % Ethanol hinzugegeben (Ausfällung durch Entziehung der Hydrathülle). Das Sediment wurde bei 4 °C (12700 rpm) für 30 Minuten zentrifugiert. Der Überstand wurde verworfen und das (nicht sichtbare) Pellet mit 500 µl 70 % Ethanol versetzt. Es wurde 5 Minuten bei 4 °C (12700 rpm) zentrifugiert. Der Überstand wurde verworfen und das Eppi nochmals kurz zentrifugiert, damit die gesamte Flüssigkeit anschließend verworfen werden konnte. Das Sediment wurde im Thermomixer getrocknet und anschließend in 10 µl 1x TE-Puffer[4] aufgenommen. Es wurden 2 µl Probenpuffer[5] hinzugegeben (die beiden Farbstoffe sind unterschiedlich groß, wodurch die Einteilung in dem Agarosegel sichtbar wird. Die Probenbanden müssten sich zwischen den Farbstoffen befinden. 6 µl der Proben wurden auf das zuvor angefertigte 1,5 % Agarosegel aufgetragen. Als Referenz wurden 7 µl eines Markers[6] auf das Agarosegel aufgetragen. Die Elektrophorese wurde ca. 50 Minuten bei 200 V durchgeführt.

---

[4] 10xTE-Puffer: 100mM Tris•HCl (pH 8.0), 10 mM EDTA.

[5] Probenpuffer: 50 % (v/v) Glycerin, 0.3 % (w/v) Bromphenolblau, 0.3 % (w/v) Xylencyanol in 5x TE-Puffer.

[6] λ-Phagen DNA (Virusgenom).

A) Isolierung hochmolekularer DNA aus Schweineleber

2 g Leber wurden in 20 ml Zellkernpuffer homogenisiert und auf zwei 15 ml- Reaktionsgefäße verteilt. Anschließend wurde in der Megafuge für 5 Minuten bei 2500 rpm und RT zentrifugiert. Der Überstand wurde vorsichtig verworfen und das Zellkernpellet in insgesamt 2.5 ml Extraktionspuffer aufgenommen. Es wurden vier Ansätze in Eppendorfgefäßen angesetzt:

	1	2	3	4
Suspension	500 µl	500 µl	500 µl	500 µl
RNase A	10 µl	10 µl	-	-
Inkubation	30 min bei 37 °C	30 min bei 37 °C	30 min bei 37 °C	30 min bei 37 °C
Proteinase K	-	25 µl	25 µl	-
Inkubation	1 h bei 56 °C	1 h bei 56 °C	1 h bei 56 °C	1 h bei 56 °C
Inkubation	Abkühlen auf Eis	Abkühlen auf Eis	Abkühlen auf Eis	Abkühlen auf Eis

Anschließend wurde die Phenol/Chloroform-Extraktion durchgeführt (Erklärung bereits erfolgt). Zunächst wurden 600 µl Phenol zur Denaturierung hinzugegeben und anschließend zur Phasentrennung zentrifugiert (Zentrifugationsschritte wie bei Micrococcus-Nuclease Verdau). Die wässrige Phase wurde in ein sauberes Eppendorf-Gefäß überführt und mit 300 µl Chloroform und 300 µl Phenol versetzt. Es erfolgte eine Phasentrennung mittels Zentrifugation. Die wässrige Phase wurde abgenommen, in ein sauberes Gefäß überführt und mit 600 µl Chloroform versetzt. Es erfolgte eine Phasentrennung mittels Zentrifugation. Die wässrige Phase wurde erneut abgenommen und in ein sauberes Eppendorf-Gefäß überführt. Es wurde mit 1/10 Volumen 3 M NaAc versetzt. Anschließend wurde 1 Volumen Isopropanol (zur Ausfällung) hinzugegeben und 10 Minuten bei 14000 rpm und RT zentrifugiert. Der Überstand wurde verworfen und die DNA 5 Minuten bei 55 °C getrocknet und dann in je 100 µl 1xTE gelöst.

Konzentrationsbestimmung der DNA-Proben

Die DNA-Proben wurden mit 1x TE-Puffer auf 1:100 in 1.5 ml-Eppendorfgefäßen verdünnt. Anschließend erfolgte eine Messung der Extinktionen bei 260 und 280 nm. Die Konzentration und Reinheit der DNA wurden (mit den in der Einleitung dargestellten Formeln) berechnet.

Restriktionsverdau mit EcoRI

Zunächst wurde eine Enzymstammlösung angesetzt. Dazu wurden 34 µl H_2O, 4 µl EcoRI-Puffer und 2 µl EcoRI (Enzym) vermengt. Die DNA-Proben wurden mit 1x TE-Puffer auf 300 µg/ml eingestellt. Es wurden zweimal 4 Ansätze in 1.5 ml Eppendorfgefäßen vorbereitet:

1. 4x Restriktionsansatz: 2 µl Probe (300 µg/ml) + 7.5 µl Enzymstammlösung
2. 4 x Kontrolle: 2 µl Probe (300 µg/ml) + 7.5 µl H_2O.

Es erfolgte eine Inkubation bei 37 °C für 30 Minuten (Schneidevorgang). Anschließend wurden je 2 µl 5x Probenpuffer hinzugegeben und die Proben auf das Agarosegel für die Elektrophorese aufgetragen. Als Referenzwert wurden 7 µl eines Markers auf das Agarosegel aufgetragen. Die Elektrophorese wurde ca. 50 Minuten bei 200 V durchgeführt.

3 Ergebnisse

	A_{260}	A_{280}	Reinheit ———	Konzentration [µg/ml]
A	1) 0,596	0,354	1,684 → Abweichung: - 0,116	2,98
	2) 0,577	0,342	1,687 → Abweichung: - 0,113	2,885
	3) 1,044	0,611	1,709 → Abweichung: - 0,091	5,22
	4) 0,151	0,083	1,819 → Abweichung: 0,019	0,755
B	0,374	0,217	1,724 → Abweichung: - 0,076	1,87

Der Tabelle können die Extinktionen bei 260 und 280 nm der jeweiligen Gruppen entnommen werden. In der Gruppe A erfolgte eine unterschiedliche Zusammensetzung, welche der Tabelle aus der Durchführung entnommen werden kann. In der Gruppe B wurde nur eine Messung durchgeführt, da die unterschiedlichen Inkubationen später durchgeführt wurden. Zur Berechnung der Konzentrationen und der Reinheit wurden, die in der Einleitung vorgestellten Formeln genutzt. Die rot markierten Abweichungen zum Koeffizienten 1,8 sind eine Negativ-Abweichung nach unten hin.

Isolierung von Chromatin. Bild unter UV nach der Gelelektrophorese:

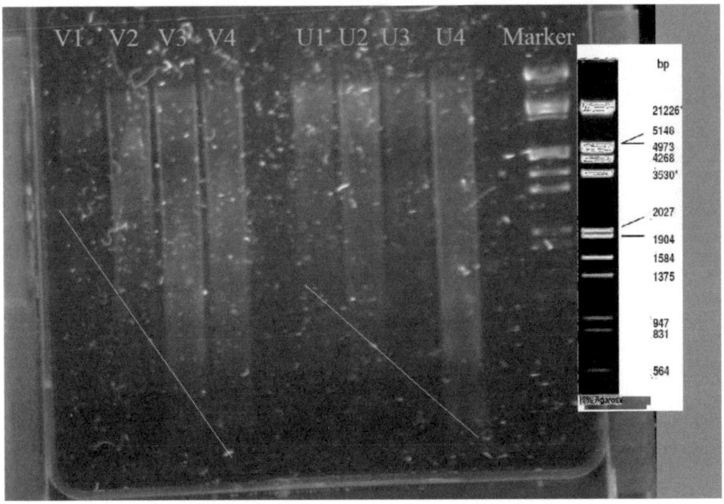

Die Abkürzungen sollen im Folgenden erläutert werden: V steht für die verdünnte Reihe, U steht für die unverdünnte Reihe. V1 und U1 entsprechen einer Inkubation von 0 Minuten, V2 und U2 entsprechen einer Inkubation von 2 Minuten, V3 und U3 einer Inkubation von 4 Minuten und V4 bzw. U4 markieren die Probe mit einer Inkubation von 8 Minuten. Als Referenz wurde der Marker λ-Phage DNA/ EcoRI HindIII verwendet. Zum Vergleich wurden die entsprechenden Größen eingefügt.

Das Bild der Elektrophorese für die Isolierung von Chromatin aus Schweineleber weist je 4 klare Banden und die Band des Markers auf. Wie dem Bild zu entnehmen ist, verlaufen die Banden von links nach rechts (kürzere Inkubation → längere Inkubation) weiter zum Pluspol. Bei der verdünnten und unverdünnten Reihe sind die gleichen Verläufe zu erkennen.

Isolierung von hochmolekularer DNA. Bild unter UV nach der Gelelektrophorese:

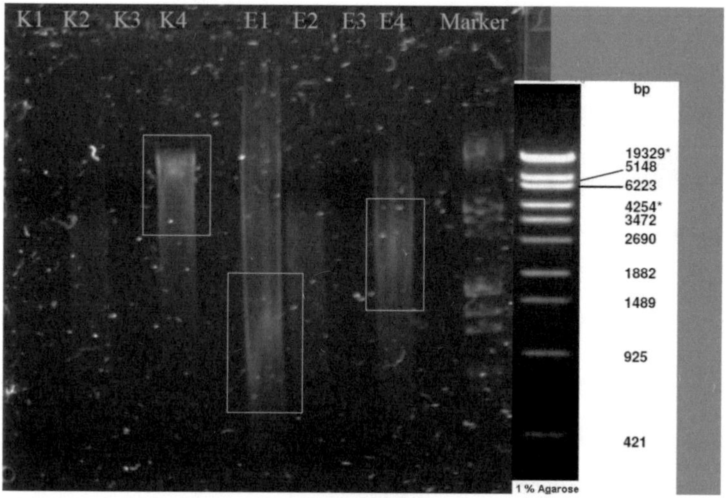

Die Abkürzungen sollen im Folgenden erläutert werden: K steht für die Kontrollgruppe, E steht für die Reihe, die mit der Enzymstammlösung versetzt wurde. Bei K1 und E1 ist RNase A enthalten, bei K2 und E2 sind RNase A und Proteinase K enthalten, bei K3 und E3 ist Proteinase K und bei K4 bzw. E4 ist nur die Suspension erhalten. Als Referenz wurde der Marker λ-Phage DNA/ EcoRI HindIII verwendet. Zum Vergleich wurden die entsprechenden Größen eingefügt. Markiert sind drei prominente Banden.

Das Bild der Elektrophorese für die Isolierung hochmolekularer DNA aus Schweineleber weist neben der Bande des Markers fünf weitere sichtbare Banden auf. Die Bande bei E1 läuft am weitesten. Die Intensität der Bande K4 ist zu Beginn am stärksten.

4 Diskussion

B) Isolierung von Chromatin aus Schweineleber

Bei der Photometrie konnte ein Maß für die Reinheit gegeben werden. Das Verhältnis von A_{260}/A_{280} lag im durchgeführten Versuch bei 1.7235. Das Verhältnis bei reinen DNA-Präparationen liegt bei 1.80. Somit liegt eine Abweichung von - 0,076 vor, was daraufhin deutet, dass die vorliegende Probe durch Proteine verunreinigt war. Ursache dafür könnte sein, dass die Überstände nicht vollständig entfernt wurden, da sehr darauf geachtet wurde, dass die Probe nicht zerstört wurde.

Bei der Agarosegel-Elektrophorese lassen sich durchlaufende Banden erkennen, die auf degradierte DNA hinweisen, da das Erscheinungsbild aufgrund von vielen kleinen Banden entsteht. Wie zu erwarten war, verlief die Bande ohne Inkubation kürzer, als die Bande mit der höheren Inkubation. Der Grund dafür ist die Zeit, die die Micrococcus-Nuklease hatte, um die DNA in kleinere gleichgroße Stücke zu schneiden. Dies bedeutet, dass je länger geschnitten wurde, desto kleiner die DNA wurde. In der Gelelektrophorese erfolgt eine Auftrennung nach der Größe (wie bereits in der Einleitung beschrieben), somit wandern die kleineren Moleküle weiter als die größeren. Diese Erwartung lässt sich am Versuch bestätigen wie das Ergebnisbild zeigt. Die verdünnte und unverdünnte Reihe sollte erwartungsgemäß gleich verlaufen, auch dies wird durch das Ergebnisbild bestätigt. Die Inkubation war in beiden Reihen je identisch (mit minimaler Abweichung da zwei Personen (fast) parallel gearbeitet haben), weshalb die Aufteilung nach der Größe auch identisch sein muss. Die unverdünnte Reihe sollte stärker im UV leuchten, da die Konzentration größer ist. Dies ist allerdings für die Auswertung nicht von Bedeutung. Da die Erwartungen erfüllt wurden, kann der Versuch erfolgreich abgeschlossen werden.

A) Isolierung hochmolekularer DNA aus Schweineleber

Die Reinheit der DNA-Präparationen wurde in diesem Versuch genauer betrachtet. Dazu wurden in ein Gefäß (1) RNase hinzugegeben, wodurch die Absorption schwächer sein müsste im Vergleich zu der Probe mit der Suspension (4). Probe 1 weist eine Extinktion von 0,596 im Vergleich dazu weist die

Probe 4 eine Extinktion von 0,151 auf. Die Erwartung wurde hier nicht erfüllt, dies kann allerdings damit zusammenhängen, dass die Tabelle anders erarbeitet wurde. Diesem Protokoll liegen nur die Ergebnisse der anderen Gruppe vor, da der Versuch nicht selbst durchgeführt wurde. Zudem können geringe Ausbeuten bei der Extraktion Ursache für das Ergebnis sein. Weiterhin könnte das Produkt bei weiteren Aufbereitungsschritten, wie der Resuspendierung oder der Fällung verloren gegangen sein.

Ein Versuch zur Klärung soll Aufklärung verschaffen. In der Probe 2 sind sowohl RNase A und Proteinase K vorhanden, wodurch die Extinktion durch die Verdauung niedriger (im Vergleich zu Probe 4) sein sollte. Hier sollte auch die Reinheit höher liegen, da die Proteine wegfallen. In der erhaltenen Auflistung hat Probe 2 eine Extinktion von 0,577 und liegt somit ebenfalls höher als Probe 4. Die Reinheit ist hier ebenfalls nicht gut, da eine Abweichung von -0,113 vorliegt und somit Verunreinigungen durch Proteine vorhanden sind. In der Probe 3 ist Proteinase K enthalten, weshalb eine bessere Reinheit erwartet wird. Diese ist allerdings nicht gegeben, da der Koeffizient eine Abweichung von -0,091 im Verhältnis zu einer reinen DNA-Präparation aufweist. Folgende Tabelle soll einen logischen Zusammenhang der Proben zeigen:

Probe (laut Gruppe)	A_{260}	A_{280}	Reinheit Abweichung	Vorschlag
1 (S+A)	0,596	0,354	-0,116	(S+A)
2 (S+A+K)	0,577	0,342	-0,113	(S+K)
3 (S+K)	1,044	0,611	-0,091	(S)
4 (S)	0,151	0,083	0,019	(S+A+K)

Abkürzungen: A→ RNase A, K → Proteinase K, S → Suspension

Zur 1. Und 2. Zeile: Die Werte sind sehr nah beieinander, so dass es schwierig ist eine Aussage bezüglich der Zuteilung zu stellen. Sowohl die RNase A als auch die Proteinase K reduzieren den Wert der Extinktion im Vergleich zur reinen Probe. Die Reinheit bei der zweiten Probe ist etwas besser, so dass ausgesagt werden könnte, dass hier die Proteinase K zum Einsatz kam. Allerdings handelt es sich um reine Vermutungen, weil die Werte sehr nah beieinander liegen.

Zur 3. Zeile: Die Absorptionen bei A_{260} und A_{280} sind sehr hoch und auch insgesamt betrachtet am höchsten. Es wird davon ausgegangen, dass hier keine Spaltung stattgefunden hat, also die reine Probe vorliegt.

Zur 4. Zeile: Die Reinheit ist hier sehr gut, weshalb davon ausgegangen werden könnte, dass Proteinase K in der Probe enthalten sei, da so die Proteine verdaut wurden → Also (S+K) oder (S+A+K). Die Absorption ist sehr niedrig bei A_{260} und A_{280} weshalb wahrscheinlich sowohl die Proteinase K wie auch die RNase A enthalten sind.

Bei der Gelektrophorese sind die Banden nicht regelmäßig, dies liegt daran, dass EcoRI nicht regelmäßig, sondern an je spezifischen Stellen im Genom schneidet. Die Inkubationszeiten sind in allen Versuchen gleich gewesen, hier erfolgte eine Unterscheidung je nach Verdauungsart.

5 Literaturverzeichnis

Matthies, Inge Elisabeth: Isolierung und physiologische sowie biochemische Charakterisierung eines Zearalenon-abbauenden Enzyms aus Mykoparasiten Gliocladium roseum. Dissertation, Hohenheim 2003. Zitiert als Matthies.

Praktikumsskript zum Versuch F-08, Isolierung und Charakterisierung von hochmolekularer DNA und von Chromatin, Fakultät für Chemie und Biochemie der Ruhr-Universität Bochum, Lehrstuhl für Biochemie II des Ruhr-Universität Bochum. Zitiert als Skript.

Internetquellen:

http://www.chemgapedia.de/vsengine/vlu/vsc/de/ch/5/bc/vlus/dna.vlu/Page/vsc/de/ch/5/bc/nukleinsaeuren/dna_strukturen/chromatin/chromatin.vscml.html, Zugriff am 02.06.2016, im Folgenden zitiert als Chemgapedia.

http://www.diss.fu-berlin.de/diss/servlets/MCRFileNode Servlet/FUDISS_derivate_000000003256/4_4Methoden.pdf?hosts=, Zugriff am 02.06.2016. Zitiert als Diss. Berlin.